할아버지의 밥 짓는 시간

안녕하세요,

종로노인종합복지관 요리교실의 어르신들과 함께

요리책 '밥 짓는 시간'을 쓴 대학생 팀 구슬밥입니다.

밥 짓는 시간은 우리 모두의 할아버지가 청년에게 전해주는

삶의 지혜와 집밥 레시피를 담았습니다.

책에서 할아버지들은 추억이 담긴 음식과 지나온 삶에 대한 여러 이야기를 합니다.

우리가 무엇보다 중요시 여기는 밥과 '정'이

세대 간 소통, 이해 부족과 갈등에 도움이 될 수 있을까요?

적어도 어르신들의 삶에 대한 지혜와 소소한 위로, 조언, 따뜻한 레시피가

바쁘게 살아가는 청년들에게 위로를 보내줄 수는 있을 것 같습니다.

요리하는 데 어려움을 느끼는 분들, 보다 더 '집밥'같은 레시피를 얻고 싶은 분들,

서투른 삶에 조언해 줄 주변 어른 한 명 있었으면 하는 분들이라면 말이죠.

우리 함께 할아버지들의 지나온 삶을 재조명하고

다양한 어르신들의 이야기를 기억하는 시간이 되면 좋겠습니다.

차례

오늘의 메뉴
보쌈

요리사
정진우 할아버지

너무 감동적인 맛이었어요. 이제 친구한테 가면
"뭐 먹을래?" "보쌈밖에 더 있냐?" 라면서
아침 열두 시 전부터 같이 먹곤 해요.

보쌈 만들기

필요한 재료

- 수육 -

- [ ] 통삼겹살 400g
- [ ] 무 300g
- [ ] 배 1/4쪽
- [ ] 부추 20g
- [ ] 된장 2큰술
- [ ] 대파 1/3대
- [ ] 다진마늘 1큰술

- 무김치 양념 -

- [ ] 무절임용 소금 1/2큰술
- [ ] 무절임용 설탕 1/2큰술
- [ ] 고춧가루 3큰술
- [ ] 멸치액젓 2큰술
- [ ] 다진마늘 1큰술
- [ ] 매실청 2큰술
- [ ] 통깨 1작은술

보쌈 레시피

물에 된장을 풀고, 대파와 다진마늘을 넣은 후,
물이 끓으면 통삼겹살을 넣고 1시간 정도 삶아준다.

무는 얇게 채 썬 다음, 소금과 설탕을 넣어서 30분 정도 절여준다.
무가 절여지면 물기를 꼭 짜고, 고춧가루를 넣고 먼저 색을 내준다.

배도 채썰고, 부추는 5Cm 길이로 썰어준다.

배와 부추, 멸치액젓, 다진마늘, 매실청, 통깨를 넣고 잘 버무린다.
완성된 수육은 꺼내서 한입 크기로 썰어준다.

Ep.1
정진우 할아버지

가장 좋아하는 음식은?

"친구와의 추억이 담긴 보쌈!"

왜 보쌈을 제일 좋아하냐고요? 큰 이유는 없고요, 지방에 사는 친구와의 추억이 생각나서 그래요. 지금은 그 친구에게 내가 유일한 친구가 되었네요. 내가 찾아가서 같이 식사하곤 했는데, 한 번은 일산의 어느 보쌈집에서 보쌈을 먹었는데 그게 그렇게 맛있는 거예요. 그 동네에서 보쌈을 잘한다고 유명한 집인데, 그냥 평범한 보쌈이었어요. 근데 그 평범한 보쌈이 참 맛있더라고요. 예전에도 보쌈을 먹긴 했는데 그렇게 좋아하지는 않았거든요. 그런데 거긴 너무 감동적인 맛이었어요. 이제 그 친구한테 가면 "뭐 먹을래?", "보쌈밖에 더 있냐?" 라면서 아침 열두 시 전부터 같이 먹곤 해요.

시절마다 좋아하셨던 음식이 달랐나요?

"좋아하는 음식은 나이, 계절마다 달라지네요."

제가 학생이었던 때는 한국이 굉장히 가난했거든요. 쌀이 모자랐어요. 그래서 전국적으로 일주일에 한 번씩 매주 수요일마다 '분식 날'을 정하고 국수를 먹도록 했어요. 그런데 우리 아버지께서 유독 국수를 좋아하셨어요. 국가 정책 몰래 도시락을 갖고 다니는 사람도 많았지만, 우리 집은 어느 집보다도 '분식 날'을 잘 지키면서 국수를 맛있게 먹었어요.

그래서 그런지 전 지금도 빵, 토스트, 햄버거 같은 밀가루 음식을 참 잘 먹어요. 일본에서 유학하던 시절부터 일반적인 일본 가정식보다 빵을 더 자주 먹었어요. 일본은 빵이 참 맛있어요. 특히 팥 앙꼬가 들은 호빵 같은 빵이요. 지나가다가 호빵집만 보면 몇 개 집에 사 가서 촉촉하게 물을 묻히고 전자레인지에다 뜨뜻하게 데워 먹어요.

가장 행복한 추억이 담긴 음식은? "생선구이"

지명은 잊었는데, 낯선 곳에서 점심 한 끼 먹으러 이곳저곳 찾아다니다 어느 허술한 시골 식당에서 먹은 생선구이가 추억에 남네요. 그 집에 다시 한번 찾아가고 싶을 정도에요.

지인이 전주에 살았어요. 전주에서는 한정식이 유명하잖아요. 그런데 유명한 건 다 비싸요. 친구가 당시 내 입장을 아니까 한정식 대신 생선구이를 먹으러 가자고 했어요. 생선 한 마리가 통째로 딱 구워져 나오는데, 어떤 생선이었는지 모르지만 너무 맛있게 먹었어요. 비슷한 추억으로, 노원역 '털보 고된이'가 있어요. 친구에게 찾아가서 뭘 먹을지 왔다 갔다 헤매던 중 들어갔는데 여기도 아주 맛있었어요.

나의 소울푸드는? "어머님의 손맛이 담긴 국수 요리와 떡"

제게 소울푸드는 어렸을 때 어머니가 해 주신 비빔국수, 칼국수에요. 어머니께서 국수 요리를 잘하셨어요. 여름날에는 콩국수가 그립고, 참기름이랑 깨도 조금 뿌린 흔한 비빔국수도 먹고 싶어요. 흔해진 데는 다 이유가 있죠. 또 어머니께서 떡도 참 잘하셨어요. 동네 잔칫날이면 이웃들이 우리 어머니를 불러서 떡 좀 해달라고 할 정도로 전문가셨거든요. 그래서 저도 떡을 잘 만들어요. 특히 찹쌀 시루떡은 아무나 만드는 게 아니에요. 방앗간에서 빻아온 쌀을 깔고, 팥도 깔고 층층이 짓죠. 이때 중요한 건 찹쌀 같은 걸 그냥 깔면 안 된다는 거예요. 찹쌀은 공기가 안 통해서 그냥 깔아버리면 가운데가 익지 않거든요. 조금씩 성기게 뿌려가면서 익혀야 해요.

소중한 사람들에게 해주고 싶은 음식은?

"반찬을 가득 넣고 만든 김치볶음밥!"

소중한 사람에게 해주고 싶은 음식은 김치볶음밥이에요. 종로구에는 복지관도 있고, 여러 큰 회사나 종교시설에서 나왔다며 음식을 가져다주는 단체도 많아요. 그러면 집에 먹을 게 쌓여요. 저는 혼자 살다 보니 밥을 아주 잘 만들어 먹어요. 가까이 사는 친구 하나도 같이 요리를 잘 해 먹거든요. 이런 음식들을 가져다 큰 프라이팬에 밥을 넣고 김치도 넣고, 냉장고를 열어보고 "야, 이거 버릴 거냐?" 하며 반찬들을 다 집어넣어 볶아 먹는 김치볶음밥이 또 맛있어요.

들어가는 재료는 글쎄요. 가지각각이에요. 멸치 볶고 마늘도 있으면 볶고, 쑥 같은 것도 맛있을 것 같으면 모두 넣어서 먹으니까 제가 만들었지만 참 맛있다는 생각이 들더라고요. 이렇게 해서 혼자 식사하고 있는데 마침 친구가 찾아와서 같이 먹은 적이 있네요. 그러려던 건 아니었지만 소중한 사람에게 해 준 셈이죠.

앞으로의 꿈이나 소원이 있다면?

"맛있는 요리를 찾아 떠나는 여행이 꿈이에요."

퓨전 요리 같은, 청년들이 좋아하는 거 있잖아요. 꿈이 있다면 맛있는 요리를 찾아 전국을 다니는 여행을 하고 싶어요. 저는 참 먹는 걸 즐기는 사람 중 하나예요. 지금은 운전하기도 쉽지 않지만, 전국을 다니며 맛있다고 소문난 집을 찾아가 보고 싶어요. 얼마 전에는 당고개에서 '산아래'라는 어느 한정식집을 찾아갔어요. 한 사람당 이만 오천 원정도로 비싸서, 다른 데 가자고 하니까 상대방이 "우리가 자주 만나는 것도 아닌데 오늘 좋은 거 좀 먹자."라고 하더라고요. 맞는 말이에요.

청년들에게 하고싶은 한마디

"청년들도 우리나라 요리를 직접 만들고 즐기면 좋겠어요."

저도 그렇지만, 요즘에 학생들도 1인 가구가 많잖아요. 그러니 혼자서 해 먹는 습관도 길러보라는 얘기를 하고 싶어요. 간단한 음식이라도 만들어 먹으니 좋더라고요.

밥을 해 먹으면요, 우선 시간을 보내기가 좋아요. 서둘러서 만드는 게 아니니까. 뭘 썰더라도 예쁘게, 여유 있게 썰려고 하는 이유는 하나예요. 시간 좀 때우려 하는 거죠. 다 만들어 놓으면 친구에게 "야, 오늘 내가 만든 거다" 하고 사진 찍어서 보내거나 전화도 해요. 이렇게 모여서는 또 먹는 것밖에 없어요. 옛날에 술을 좋아했던 친구들도 아무래도 술이 점점 줄어가더라고요. 그래서 모양만 잡으려고 여럿이서 소주 한 병 놓고 먹기도 하고요. 혼자 살다 보니 외로움이 많이 커져요. 예전에는 "친구가 바빠서 못 오겠구나"하고 이해했는데, 요즘엔 괜히 화가 나는 거 있죠. 꼭 날 찾아와야 하는 건 아니지만, 그냥 안 오면 서운하고 원망스러워지는 것 같아요.

"모든 게 다 공부에요."

저는 시간이 나면 그냥 공부하려고 해요. 요즘엔 혼자서 중국어나 영어 공부를 조금씩 해요. 이제 학생들이 쓰는 외래어가 너무 많잖아요. '퓨전 요리'라는 말을 들어도, '퓨전'이 원래 무슨 뜻인지, 스펠링은 어떻게 되는 건지 꼭 찾아보려 해요. 돈이 있으면 꼭 공부에 한 번 투자해보면 좋겠어요. 제일 편안한 투자인 것 같아요. 꼭 어려운 게 아니라도 저처럼 요리를 공부하거나, 뭔가 악기가 배우고 싶으면 기타 공부라도 하면 좋잖아요. 젊은 친구들이 시간이 많이 없는 건 알지만, 그 방면에서 전문가가 되지는 않아도 자기가 원하는 분야를 알아가는 행복을 느끼길 바라요. 요즘은 뭐, 커피숍 같은 데 가도 노트북 같은 걸 올려놓고 차 마시는 사람들이 많던데 참 보기 좋더라고요. 남자친구나 여자친구를 사귈 때 공부에 취미가 있는 사람을 사귀어 보는 것도 권하고 싶어요.

부자가 아니더라도 여행을 많이 다녀보는 것도 좋아요. 저는 지금도 여행을 가게 된다면 좀 알려지지 않은 나라들 있잖아요. 파키스탄이나 우즈베키스탄 같은 나라에 가보고 싶어요. 청년들도 에펠탑 밑에서 사진 찍고 "봐라, 나 파리 다녀왔다" 하는 그런 여행이 아니고, "이 이름이 왜 에펠탑이지?", "이게 언제 생겼지?", "이 주변에 사는 파리 사람들은 어떻게 생각하지?"하는 호기심을 가지고, 왜 내가 여기 왔는지를 생각하면서 뭐든 자기가 성숙해질 수 있는 걸 남겨오면 좋겠어요.

오늘의 메뉴
코다리 조림

요리사
정상철 할아버지

생선 조림은 무 맛으로 먹는 거죠. 무가 큼직큼직하게 들어가면
단물이 나오는데, 그 시원한 느낌이 좋아요. 그래서 무를 많이 넣으면
조림이 무슨 음식이든지 맛있더라고요. 동태찌개도 비슷한 느낌으로
무를 개운하게 우린 국물 맛으로 먹어요.

코다리조림 만들기

- [ ] 코다리 1마리
- [ ] 무 200g
- [ ] 대파 1/2대
- [ ] 홍고추 1개
- [ ] 양파 1/2개
- [ ] 물 200ml (종이컵 1컵)
- [ ] 통깨 약간

- [ ] 간장 3큰술
- [ ] 멸치액젓 1큰술
- [ ] 고춧가루 2큰술
- [ ] 설탕 1/2큰술
- [ ] 맛술 2큰술
- [ ] 다진마늘 1큰술
- [ ] 다진생강 1작은술

코다리조림 레시피

코다리는 흐르는 물에 씻고, 지느러미를 제거한다.
무는 1cm 두께로 큼직하게 나박썰기한다.

대파와 홍고추는 어슷썰고, 양파는 채썬다.

양념장은 레시피의 분량에 맞게 잘 섞어준다.

냄비에 무를 깔고, 코다리와 양념장, 물 1컵을 넣고
중약불에서 40분 간 조린다.
무가 익으면 양파, 대파, 홍고추를 넣고 5분 간 더 조려준다.

Ep.2
정상철 할아버지

평소 가장 좋아하는 음식은?

"시원한 무 맛이 느껴지는 동태찌개와 코다리조림"

생선조림은 무 맛으로 먹는 거죠. 무가 큼직큼직하게 들어가면 단물이 나오는데, 그 시원한 느낌이 좋아요. 그래서 무를 많이 넣으면 조림이 무슨 음식이든지 맛있게 느껴져요. 동태찌개도 비슷한 느낌으로 무를 개운하게 우려낸 국물 맛으로 먹어요. 저는 특히 생선을 좋아하는데요, 그중에 흔히 먹을 수 있는 고등어나 꽁치, 코다리 같은 걸 즐겨 먹어요. 쉽게 먹을 수 있고, 위에 부담도 가지 않아서 좋아요.

가장 행복한 추억이 담긴 음식은?

"먼 옛날 동치미와 함께 먹던 고사떡이에요."

지금은 '고사떡'이나, '쑥버무리' 같은 게 잘 없더라고요. 옛날에는 아카시아 꽃잎 같은 걸 쌀가루에 많이 버무려서 쪘어요. 아카시아 꽃에는 꿀이 많잖아요. 달짝지근하면서도 아카시아 꽃향기가 너무 좋아요. 그 시절이 조금 그립기도 하고, 요즘은 아카시아 꽃을 보기도 힘든 터라 느낌이 참 다르더라고요.

옛날에는 팥을 깔고 고사떡을 해서 집마다 돌리고 그랬어요. 추수 끝나고 초겨울에 김이 우렁우렁 나는 고사떡을 해 두면 옆집에서 고기도 한 접시 가져오는 게 그렇게 꿀맛이었어요. 또 '팥단지'라고 있었어요. 팥고물 같은 것들을 동그랗게 뭉쳐 만든 음식인데 그런 것도 지금은 해 먹는 집이 없네요. 다시 만들면 맛있을 것 같은데요. 옛날에는 공해도 없었으니 솔잎 같은 걸 깔고 송편도 찌면 향기가 착착 올라왔던 기억이 나네요. 고구마, 감자, 옥수수 같은 것도 그냥 모닥불에 찌고 빙 둘러앉아서 후후 불어 가며 먹는 재미도 있었어요. 꼭 옛날 영화 같죠?

힘든 순간 나에게 힘이 되는 음식은?

"쌀이 귀하던 시절 대신 먹었던 조당수!"

쌀이 귀하던 시절에 쌀 조금, 시금치 조금 넣고 멀겋게 끓인 죽을 후루룩 마셔도 금방 배가 고파오던 시절이 기억나요.
이북으로 돈 벌러 갔던 아버지 고향이 용인인데, 한국전쟁이 터지니 다시 고향으로 식구를 데리고 내려오셨어요. 표준말인지는 몰라도, 그때 '조당수'라고 부르던 게 있었어요. 조를 넣고 끓인 죽인데, 건더기는 없고 거의 물이니까 두 그릇 먹어도 소변만 한 번 보면 할 수 없이 배가 금방 꺼졌어요. 그리고 젊은 분들은 쳐다보지도 않을 정도로 맛이 없긴 해요.

요즘은 밥을 조금씩만 드시려는 분도 계시지만, 제가 어릴 때는 커다란 대접에 밥을 담아서 다 먹고도 '누구 남긴 거 없나'하고 막 기웃거렸어요. 그냥 배만 부르면 다 내 세상이었죠. 어려웠던 시절의 추억이지만 오히려 그때를 생각하면 힘이 나기도 해요. 특별하지는 않지만, 다시 생각해 보니 다 추억이네요. 그때는 고통스럽고 다들 이게 사는 건가, 할 정도로 그런 생각이 스쳐 갔지만 지금 생각하면 다 멋있는 추억이고 살아온 과정의 일부네요. 가끔 옛날 음식들을 먹고 싶어도 찾는 사람이 없어서 그냥 아카시아 추억밖에 안 되는 것 같네요.

그 시절의 인간성이 가장 좋았어요. 같은 곳에서 살아가는 사람들끼리의 평안함과 순수한 모습. 음식 하나를 먹어도 이웃집에 갖다주고 그랬는데, 지금은 이웃집에 누가 사는지도 모르잖아요. 그만큼 그때는 법도 그렇게 많지 않았어요. 지금은 세세하게 법이 다 있잖아요. 그만큼 세상이 나아지지 않았다는 얘기라고 생각해요. 사소한 것도 서로를 믿지 못하고 법으로 지켜주지 않으면 더 위험해지는 세상이니까요.

우리 세대는 지금 현실에 적응하기 어려워서 가끔 시대의 흐름에서 조금 어긋나는 것 같아요. 그래도 지금의 현실을 따라가야 하죠.

청년들에게 해 주고 싶은 음식은?

"알이 통통하게 밴 '도루묵 조림'을 먹어보면 좋겠어요."

여러분은 '도루묵'이라는 생선을 많이 들어보진 않았죠? 비린내가 나지 않고 아주 개운한 생선인데, 조림으로 먹으면 아주 맛있어요. 7마리에 1만 원 정도인 작은 생선인데, 크게 먹을 건 없지만 고소하고 얕은 맛이 있어서 좋아해요. 최근에는 기후 변화 때문에 구경하기 쉽지 않다고 하더라고요. 식당에서 파는 것도 잘 보진 못했어요. 알이 통 밴 도루묵이 정말 맛있는데요.

소중한 사람들에게 해 주고 싶은 음식은?

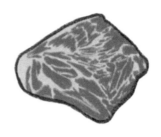

"누구나 좋아하는 갈비찜"

기름진 고기가 모두에게 썩 좋지는 않죠. 저는 담백한 음식을 좋아하지만, 누구에게 뭔가를 만들어 준다면 많은 사람이 좋아하는 갈비찜을 해 주고 싶어요.

먹고 사는 일, 이 습관만은 지켜다오!

"아침밥 꼭 먹기, 야채와 생선 많이 먹기"

여러분도 밥을 굶고 다니지 마세요. 저는 약을 계속 먹기 때문에 삼시세끼 꼭 챙겨 먹으려 해요. 특히 적게 먹든 많이 먹든, 먹기 싫어도 아침밥은 꼭 먹고요. 색다른 걸 먹는 건 아니지만 시간에 맞춰 식사하려다 보니 생활을 규칙적으로 하게 되는 것도 좋아요. 그러니까 제가 병이 엄청 많은데도 건강 유지를 잘하는 것 같아요. 많이 먹은 날에는 걱정하지 말고 만 보 이상 걸으면 돼요. 제가 심장 수술했을 때, 사실은 한 5년 밖에 못 산다고 했지만, 지금 한 15년 넘게 살고 있잖아요. 그래서 아침밥을 먹는 게 건강을 지키는 입증된 방법이라고 생각해요. 밥 먹기 싫다고 아침 건너뛰고 점심에 한 술 더 먹는다든가 그러면 건강이 무너질 수 있어요. 이렇게 철두철미하게 지키지 않으면 나 혼자 건강관리를 어떻게 하겠어요.

우리 청년들도 꼭 제때 밥 챙겨 먹는 습관만큼은 들이길 바래요.

앞으로의 꿈이나 소원이 있다면?

"동료 어르신들이 아프지 않고 건강한 게 가장 큰 소원이에요."

노인들이 제일 걱정하는 건 오래 사는 것보다 '삶의 마지막까지 건강하게 지낼 수 있을까'하는 거예요. 다들 건강했으면 좋겠는데, "귀찮아서 뭐 해, 나는 나가기 싫어"하는 사람들도 많잖아요. 젊은 사람들이 직장을 잡아서 규칙적으로 출퇴근하듯이 우리들도 스스로 굳건한 마음을 갖고 생활 습관을 잘 들여야 해요.

그냥 쉬고 싶어서 아무 시간에나 밥 먹고 그러면 더 아프더라고요. 운동하기 싫다고 몇 번 누워있으면 허리가 더 아픈 것처럼요. 머릿속에 뭔가 좋은 짜임을 만들고, 귀찮더라도 조금씩 행동하면 그게 습관이 되어 평생을 가요. 다들 좋은 짜임을 만들어서 오랫동안 건강하고 행복하게 살면 좋겠어요.

우리 청년들에게 한 마디 할게요!

뉴스나 TV에서 나오는 걸 보면 우리 청년 세대가 좀 걱정되기도 해요. 밤낮 가리지 않고 야식을 먹는다든가, 강박을 가지고 체중을 너무 줄이려 한다든가 하는 건 절대 좋지 않잖아요. 습관이라는 건 내가 만들어야 해요. 지금 건강하더라도 꼭 규칙적으로 생활하면 좋겠어요. 입맛이 당길 때 몇 번만 참으면 그걸 극복해 나갈 수 있잖아요. 그렇지 않으면 나쁜 습관의 연속이 되는 거예요. 당장 몸에 무리가 오지는 않아도 금방 문제가 생길 수 있어요. 세월은 주워 담을 수도 없이 진짜 빨리 가잖아요.

지금 젊은 분들은 모두 똑똑하고 판단력이 굉장히 좋아요. 어릴 때부터 스마트폰 같은 걸 누가 가르쳐주지 않아도 알아서 착착 잘하지요? 우리는 백날 가르쳐줘도 따라가기 어렵거든요. 시대 차이가 이렇게 빨라졌어요. 세대 간 이런 차이는 있겠지만, 그래도 언제나 제때 밥 챙겨 먹는 건 중요하니 꼭 잘 챙겨 드세요.

또 젊은 친구들이 각자 취미에 맞는 직장에 다녀서 행복했으면 좋겠지만, 쉽지 않은 것 같아요. 어쩔 수 없이 원하지 않는 직장으로 자꾸 가게 된다고 생각해요. 그리고 정상적으로 월급 받아서 결혼하거나 집 하나를 사기도 어렵다고 하더라고요. 요즘엔 그런 것도 마음에 걸리고 '지금 시대가 이렇구나'하는 것도 깨닫게 됐어요.

어쨌든 그래도 헤쳐 나가야 하잖아요. 아르바이트도 하고, 대학도 가고, 별 짓 다 해도 일자리가 워낙 없죠. 또 옛날에는 의사, 변호사처럼 '사'자만 붙으면 최고였지만, 지금은 그렇게 멋진 사람들도 넘쳐나죠. 그래서 이젠 자기계발을 자꾸 해야 한다고 생각해요. 좋은 직장만 생각하면서 세월을 보내기보다 내가 원하는 길에서 한번 성공해보기 위해 나 자신을 개발하고 창작해보면 좋을 것 같아요.

젊었을 때 시간이 느리게 갔어요. 세상이 다 내 것 같고요. 나이가 들수록 금방금방 흰머리가 나고 쭈글쭈글해지고, 시간이 더 빨라지는 것 같아요. 내가 살아온 걸 자꾸 반성하게 되고 허무감도 자꾸 느껴요. '내가 벌써 이 나이가 됐나?', '죽으면 어디로 가는 건가?' 같은 이런저런 생각도 나네요. 그러니까 50살 넘기 전까진 절대 아무 생각 하면 안 돼요. 이런 생각들을 느끼기 전에 스스로 틀을 잡으면 좋겠어요.

오늘의 메뉴
된장찌개

요리사
양용호 할아버지

배고플 때 된장에 쏙, 달래 같은 나물을 섞어 넣고
귀한 멸치까지 넣으면 금상첨화였죠.
배고플 때는 보리밥에 된장찌개만 먹어도 참 좋았어요.

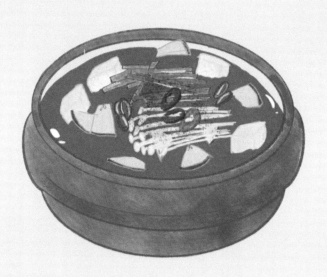

된장찌개 만들기

필요한 재료

☐ 다진 소고기 100g	☐ 된장 2큰술
☐ 애호박 1/4개	☐ 고추장 1큰술
☐ 양파 1/4개	☐ 다진마늘 1/2큰술
☐ 대파 1/3대	☐ 육수용 멸치 20g
☐ 두부 1/2모	☐ 다시마 2장
☐ 달래 20g	☐ 물 800ml (종이컵 4컵)

된장찌개 레시피

물에 육수용 멸치, 다시마를 넣고 육수를 끓여준다.

애호박은 부채모양, 양파도 비슷한 크기로 썰고, 대파는 송송 썬다.

두부는 2x2 크기로 썰고, 달래도 2Cm 길이로 썬다.

육수가 완성되면, 핏물을 제거해 둔 쇠고기와
애호박, 양파를 넣고 끓여준다.

두부, 대파, 달래와 다진마늘을 넣고 한소끔 더 끓여준다.

Ep.3
양용호 할아버지

평소 가장 좋아하는 음식은?

"배추김치가 근본이지!"

김치는 누구나 쉽게 먹을 수 있는 음식이라 제일 좋아해요.
양념에 마늘, 고춧가루, 생강, 젓갈 등을 비율 맞춰서 배추에
넣고 버무려서 통 안에 섞으면 손맛이 참 좋지요. 이렇게 만든
배추김치를 동네 사람끼리 모여 앉아서 먹어도 참 좋아요.
배추김치는 양념 발라서 차곡차곡 쌓아두고 일주일 있으면,
김치에 맛이 스며들어서 일 년을 먹을 수 있어요. 그리고 저는
싱거운 김치는 다 맛이 좋다고 느껴요. 음식은 싱겁게, 순하게
만들어서 먹으면 더 맛이 좋아요.

행복한 추억이 담긴 음식은? "보글보글 된장찌개"

된장 한 그릇에 여럿이 숟가락 잔치를 했죠. 후다닥 밥 비벼 먹던 추억이 떠올라요. 제가 생각할 때 일반적인 가정에서 먹는 가장 흔한 음식이 된장인 것 같아요. 쉽게 구할 수 있으니 배고플 때 된장에 쑥, 달래 같은 나물을 섞어 넣고 멸치까지 넣으면 금상첨화였죠. 옛날에는 멸치가 참 구하기 어려웠어요. 그러니 귀한 멸치를 된장찌개에 넣고 끓여서 먹으면 정말 맛있었어요. 배고플 때는 보리밥에 된장찌개만 먹어도 참 좋았어요.

6.25 전쟁 때는 눈 오는 밤에 먹을 것도 없고, 배고프니 어디서 일 해 주는 조건으로 쌀을 빌려오곤 했어요. 근데 당시에 쌀 한 말을 빌리면 세 말을 갚아야 했어요. 그래서 쌀을 빌리면 엄청 힘들었죠. 그래도 빌린 쌀로 죽을 쒀서 여러 사람이 나눠 먹고 그랬죠. 고구마로 겨울을 나기도 했고요. 그 시절에는 먹을 게 너무 없고, 배고프니 된장찌개가 최고로 맛있게 느껴졌어요. 보리밥에 된장 서너 숟갈 넣어 비벼 먹으면 최고였어요.

청년세대에게 추천하고 싶은 음식은?

"된장찌개, 된장국"

요즘 세대가 꼭 먹어보길 바라는 음식이 있냐고요? 가장 추천하고 싶은 건 된장찌개나 된장국이죠. 저는 TV에 나오는 것처럼 전문적으로 된장을 만들어 파는 일이 참 멋있다고 생각하고 있어요. 옛날 조선 된장을 만드는 것을 보니 참 맛이 좋아 보였어요.

옛날 된장에 멸치랑 나물 좀 넣고 끓여 먹으면 맛이 좋아요. 약이랑 다를 게 없다고 생각해요. 만들어서 먹는 된장과 사먹는 된장 맛은 참 다르더라고요. 사 먹는 된장은 단맛이 나는데, 제 입에는 만들어 먹는 된장의 쓴맛이 더 좋아요. 그 쓴맛을 씹으면 씹을수록 단맛이 나고 소화도 잘돼요. 그래서 오히려 더 입맛이 돌지요. 잔소리 같이 듣기 싫은 말이 사실 더 도움이 되듯 음식도 마찬가지 같아요. 쓴 음식이 사실 몸에는 더 좋은 음식이죠.

먹고 사는 일, 이 습관만은 지켜다오

"아침밥을 꼭 챙겨 먹어요"

저는 아침밥은 보약이니 꼭 밥을 해 먹고 있어요. 쌀밥에 잡곡이나 콩, 좁쌀 같은 잡곡을 넣어 먹어요. 잡곡밥의 쫀득쫀득한 맛은 세상에서 제일가는 밥상을 만들어 줘요. 아침밥을 꼭 챙겨 먹어야 하는 이유는 아침 먹는 사람과 안 먹는 사람의 차이가 크게 나기 때문이에요. 그래서 저는 혼자 살아도 아침 점심 저녁 세 끼니를 꼭 직접 해서 먹어요.

그리고 과식 안 하고 정량만큼의 밥을 만들어 먹고 있어요. 반찬도 고기는 잘 안 먹는 편이죠. 의사들이 고기도 먹으라고 권하지만, 가급적 고기는 안 먹고 대신 생선을 먹어요. 반찬은 가급적 식물이나, 해산물 위주로 먹고 있어요. 생선은 오메가3가 많아서 몸에 참 좋아요. 그리고 쌀밥에 콩이나 현미, 좁쌀 등을 넣어 먹으면 참 좋아요.

세상을 살아가는 데에 건강이 가장 중요해요. 내가 건강해야 남에게 베풀 수도 있고 내 삶의 의미를 생각해볼 수 있죠. 아무리 가까운 부모, 형제, 부부 사이에도 내가 건강이 없으면 다 소용없어요. 내가 건강하지 못하면 쉽게 좌절하고, 실망하게 돼요. 제가 지금 인생을 기쁘게 살 수 있는 것은 건강하기 때문이죠. 저는 지금 건강하기 때문에 기쁘고 즐거운 마음으로 살 수 있어요.

우리 청년들에게 한 마디 할게요!

"다양한 취미 생활이 인생의 보약이에요!"

무엇을 하든 쉽게 싫증 내지 않는 것. 아주 조금만 참아주면 견딜 수 있는 자신감이 생겨요. 자신감! 이것이 내가 살 수 있는 길이죠.

다양한 일을 다 경험해보는 것이 인생의 보약이 돼요. 그러니 젊은 사람들이 해보고 싶은 것을 한 번씩 꼭 도전해보길 바라요. 운동을 열심히 하거나, 공부를 열심히 하거나, 컴퓨터 공부를 해도 좋아요. 다양한 직업이 있기 한번 도전해 보고 자신의 길이 아니라면 다시 다른 일을 하면 돼요. 그러니 최대한 여러 가지 일을 해보고, 자신의 길을 찾고 끝까지 나아가야 해요.

그리고 어려운 일이 있을 때 견딜 수 있도록 하는 것이 자신감이니, 자신감을 갖고 자신이 할 수 있는 것에 최선을 다하면 돼요. 그리고 끝난 일에는 미련을 두지 마세요.

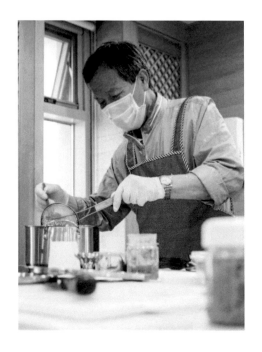

그리고, 요리에 한 번 도전해보는 것을 권하고 싶어요. 요리하는 것은 참 좋은 일이니까요. 요리도 도전 정신으로! 자신이 해보고 싶은 것은 꼭 해보세요. 잠깐 시간 내서 인터넷에 찾아보면 요리해서 먹고 싶은 것을 먹을 수 있는 세상이에요. 그리고 시간이 없어서 밥을 못 하면 라면이라도 끓여 먹어야 해요. 밥은 절대 굶지 말고, 빵이나 라면 같은 간단한 음식이라도 챙겨 먹으면 좋겠어요. 음식은 손수 챙겨 먹는 것이 중요해요

다양성을 가지고, 마음을 넓게 가지고 뭐든지 쉽게 포기하지 마세요. 시간이 얼마나 소중하고 아깝습니까? 시간은 황금이니, 아까운 돈으로 생각해야 해요. 그리고 삶에 대한 의지가 있어야 하고, 단 것을 너무 먹지 마세요. 평생 고생해요. 이가 좋아야 늙어서 밥도 잘 먹고 행복할 수 있어요.

오늘의 메뉴
감자 수제비

요리사
강희복 할아버지

수제비가 식구들 많을 땐 참으로 하기 좋은 요리예요.
가족들과 함께 도란도란 수제비 먹은 기억이 좋아서
크면 수제비 장사를 해야 하겠다는 생각까지 했죠.

감자 수제비 만들기

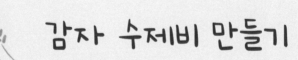

필요한 재료

- ☐ 밀가루 오컵
- ☐ 물 300ml (종이컵 1.5컵)
- ☐ 감자 100g
- ☐ 애호박 1/4개
- ☐ 양파 ¼개
- ☐ 당근 1/6개
- ☐ 다시팩 1개
- ☐ 물 800ml (종이컵 4컵)
- ☐ 소금 약간
- ☐ 국간장 약간

감자 수제비 레시피

물에 다시팩을 넣고 중약불에서 20분 정도 육수를 끓여준다.
밀가루는 물과 소금을 넣고 잘 치대서 반죽을 만들고
30분 정도 숙성시킨다.

감자는 나박나박 썰고, 애호박과 양파, 당근은 채썬다.

육수가 완성되면 국간장과 소금으로 간하고, 감자를 먼저 넣어 끓인다.
수제비를 얇게 뜯어서 넣고 야채도 함께 넣어준다.

수제비가 떠오르면 감자수제비가 완성된다.

Ep.4
강희복 할아버지

가장 좋아하는 음식은?

"여러 사람과 나눠먹기 좋은 수제비가 최고!"

수제비가 왜 그렇게 기억에 남냐면, 제가 사실 누나만 열 명이 있었어요. 그런데 어머니가 9살 때 일찍 돌아가셨어요. 그러고 나서 새엄마가 오셨죠. 근데 자식이 너무 많으니까 새엄마가 밥을 하기 힘드신 거예요. 그래서 만들기 편한 수제비를 자주 해 주셨어요. 배가 고팠는지 그게 그렇게 맛있는 거예요. 김치까지 넣으면 더 맛있었어요. 가끔은 누나가 해주기도 했는데, 어쨌든 수제비가 식구들 많을 땐 참으로 하기 좋은 요리예요. 가족들과 함께 도란도란 수제비 먹은 기억이 좋아서 크면 수제비 장사를 해야 하겠다는 생각까지 했죠.

행복한 추억이 담긴 음식은?

"아버지가 즐겨 드시던 칼칼한 재첩국"

수제비 하니까 재첩국도 생각나네요. 어렸을 때 아버지께서 술을 드시고 나면 해장용으로 시원하게 끓인 재첩국을 잡수셨어요. 다른 재료가 많이 들어가지 않고, 재첩과 함께 부추와 청양고추 정도만 넣어서 맛이 깔끔했죠. 제가 부산 대청동에서 자랐는데 부산, 경남 쪽에 재첩이 많아요. 그래서 끓이는 법도 잘 알고, 기억에도 오래 남아요. 참고로 재첩국에 칼국수를 넣어 먹어도 참 맛있어요.

시절마다 좋아하는 음식이 달랐나요?

"겨울에 먹는 비지찌개의 감칠맛이 좋았어요."

겨울엔 특히 콩비지를 좋아했어요. 두부를 만들고 나면 콩비지가 나오거든요. 옛날엔 다들 살림이 좋지 못했으니까 어머니가 비지에 김치랑 고기를 넣어 찌개처럼 끓여주시곤 했는데 참 맛있더라고요. 고춧가루를 넣는 서울식과는 달리 부산식은 미리 양념을 따로 만들어서 요리해요. 양념에는 고춧가루, 마늘, 쪽파, 참기름, 다시다 조금, 진간장 3분의 1컵 정도가 들어가요. 비지찌개는 보통 하얗게 끓이는데 간장 소스를 부어주면서 먹으면 맛있게 먹을 수 있어요. 깔끔하고 담백해서 밥 비벼 먹기도 좋죠. 강릉의 초당순두부와 비슷해요.

가장 행복한 기억이 담긴 음식은? "동태찌개"

저는 깔끔한 요리를 좋아해요. 그래서 동태찌개도 좋아하죠. 일단 동태를 잘 손질해야 하는데, 동태를 키친타월로 한 번 닦아줘야 해요. 동태에 조금 더러운 물이 남아있거든요. 그러고 나서 아가미와 머리를 잘라준 뒤에 네 등분 해줘요. 그런 다음, 내장을 빼내 주며 깔끔하게 물에 씻어 손질해요. 동태의 비린내를 잘 잡아주기 위해서는 끓일 때 맛술을 넣어주면 돼요. 양념 같은 경우에는 깔끔하게 소금, 고춧가루, 다시다로 만들어요. 간장을 넣으면 깔끔함을 해치기 때문에 따로 넣지 않고요. 물론, 매운 걸 잘 못 먹으면 고춧가루 없이 하얗게 먹어도 돼요. 심심하면 따로 '다대기' 양념을 만들면 되는데, 그때는 고춧가루와 조선간장이 좀 들어가고, 미원하고 마늘도 들어가요. 이렇게 양념장을 따로 만들어 먹으면 찌개를 깔끔하고 맑게 먹을 수 있죠.

소중한 사람들에게 해주고 싶은 음식은? "두루치기"

제가 여의도의 호프집, 숙대 근처 경양식집, 그리고 건국대 앞 음식점에서 요리 일을 해봐서 만들 수 있는 음식들이 꽤 있어요. 그 중에서 소중한 사람에게 해주고 싶은 요리로 두루치기가 떠오르네요. 간편하게 해줄 수 있는 데다 맛도 좋거든요. 손님 접대할 때 두루치기의 맛은 짠 것보다 달큰한 게 좋은데, 그래야 술과 같이 먹기에도 좋기 때문이에요.

청년 세대에게 가장 해주고 싶은 음식은? "돈가스 정식"

애들이 먹기에는 돈가스와 샐러드가 좋죠? 요즘에는 돈가스를 마트에서 파는데 되게 잘 나오고, 값도 그리 비싸지 않아요. 그리고 돈가스 소스도 요즘 잘 나오죠. 여기에다 양배추를 채 썰고, 오이를 대각선으로 썰고, 당근 한 개를 썰어서 드레싱에 버무려주면 맛있는 샐러드도 곁들여 먹을 수 있어요. 드레싱도 집에서 충분히 만들 수 있어요. 엄청 쉬워요. 케첩, 마요네즈, 설탕만 넣으면 드레싱이 되거든요. 여기에 강낭콩, 물기를 제거해준 캔 옥수수, 그리고 브로콜리와 단무지를 같이 곁들여주면 아이들도 참 좋아하는데, 부족하다 싶으면 기름에 살짝 튀겨준 소시지까지 만들어주면 돼요. 이렇게 하면 아이들이 좋아하는 돈가스 정식 완성이에요.

먹고 사는 일, 이 습관만은 지켜다오

"뭘 먹더라도 직접 해먹는 습관을 들이면 좋을 것 같아요."

청년들이 매운 걸 엄청나게 좋아하더라고요? 저녁이나 밤에 라면 같은 걸 많이 끓여 먹기도 하고요. 라면이 짜기도 하고 건강에도 안 좋죠. 라면 같은 걸 먹더라도 취향껏 건강에 좋은 재료들을 넣어 먹거나 하면 좋을 것 같아요. 그리고 직접 해 먹는 습관을 들이길 바라요. 저도 여러 레시피가 있는데 감자 볶음밥이나 오므라이스를 간편하게 해 먹어요. 볶음밥을 할 때는 냉장고에 남은 재료들도 활용할 수 있으니 좋죠. 물론, 사람마다 다 다르긴 해요. 어쩔 수 없이 사 먹는 걸 많이 하는 사람도 있을 수 있죠. 게다가 사실, 집에서 해 먹는 것도 꽤 비싸게 쳐요. 소량으로 재료를 팔지 않으니까요. 그래서 조금만 시간이 지나면 맛없어지는 채소는 버리기 마련이죠. 하지만 직접 해 먹는 재미가 크거든요. 재료를 한 번에 너무 많이 사지 말고 남은 요리를 잘 보관하는 법만 알면 좋을 거예요. 어쨌든 요리를 직접 하면 하는 것 자체도 재밌을 뿐 아니라 친구들이나 다른 사람에게 대접할 때의 기쁨도 최고예요.

우리 청년들에게
한 마디 할게요!

한 가지 기술을 배워서 그 한 분야를 오래 파는 걸 추천해주고
싶어요. 요리를 연구하더라도 게으르지 않게 이런저런 음식도
먹어보고 다른 식당도 찾아가 보고요. 그리고 부모님께 너무
많이는 의지하지 않으면 좋겠어요. 당연한 얘기지만, 부모님께
함부로 말하지 않았으면 좋겠고요.

요리하는 젊은 친구들 중에 참 열심히 하는 친구들도 많이
봤어요. 이렇게 부모님께 팔 벌리지 않고 자신이 원하는 것에
관심을 가져서 정성껏 오래 하는 태도가 중요한 것 같아요.

오늘의 메뉴
동태찌개

요리사
최선식 할아버지

특히 생선에 단백질과 콜라겐이 많이 들어있다고 해요.
제가 생선을 오랫동안 챙겨 먹으니 머리카락이 건강해졌어요.

동태찌개 만들기

필요한 재료

- [ ] 동태 600g
- [ ] 고추장 1큰술
- [ ] 대파 1대
- [ ] 된장 1큰술
- [ ] 홍고추 1개
- [ ] 고춧가루 3큰술
- [ ] 무 200g

- [ ] 다진마늘 1큰술
- [ ] 쑥갓(미나리) 50g
- [ ] 국간장 2큰술
- [ ] 다시팩 1개
- [ ] 생강 1작은술
- [ ] 물 1000ml (종이컵 5컵)
- [ ] 후추 약간

동태찌개 레시피

물에 다시팩을 넣고 중약불에서 20분 정도 육수를 낸다.

무는 1cm 두께로 나박썰고, 대파와 홍고추를 어슷썬다.
미나리는 6cm 길이로 자른다.

양념장은 레시피 분량에 맞게 잘 섞어준다.

육수가 완성되면 무, 동태, 양념장을 넣은 뒤 20분 간 끓여준다.
무가 투명하게 익으면 대파, 고추, 미나리를 넣고
한소끔 끓여 마무리한다.

Ep.4
최선식 할아버지

가장 좋아하는 음식은?

"건강을 위해 챙겨 먹기 시작한 생선,

이젠 평소에 가장 즐겨 먹는 음식이 되었어요."

혼자 살다 보니, 고기를 주로 사 먹으며 육식을 많이 했어요. 특히, 돼지고기, 소고기, 캔 종류를 자주 먹었어요. 사람을 만나면 설렁탕, 순댓국 같은 음식도 많이 먹게 돼요. 예전에는 생선은 비린내가 나서 잘 안 먹었어요. 그런데 건강이 나빠지면서 허리, 피부, 관절 등이 안 좋아지게 됐어요. 그 뒤로 병원에서 단백질 중에서 생선을 먹으라고 권해서 생선을 먹으려고 해요.

또, 나이가 일흔 살이 넘으니 주위에서 생선, 야채를 많이 먹고 육식을 멀리하는 걸 추천하더라고요. 몸무게가 늘어날수록 건강이 안 좋아지니까 생선을 먹으면서 체중 관리를 하고 싶었고, 단백질 부족과 콜라겐 부족을 해결하기 위해 생선을 먹으려고 해요.

하지만 생선을 사와도 요리를 제대로 할 줄 모르고 매운탕 같은 걸 끓이려고 해도 어렵게 느껴졌어요. 생선구이는 집에서 직접 만들어 먹고 있는데, 이젠 다양하게 생선 요리를 해 먹고 싶었어요. 생선을 좋아하는 것도 있지만, 건강을 위해 의식적으로 먹으려고 해요. 그리고 누가 집에 놀러 왔을 때 요리해주고 싶어요. 그래서 해물탕, 매운탕 만드는 걸 간단하게라도 배우고 싶어요.

가장 추억이 많은 음식이요?

"부인과 함께 먹던 해물탕이죠!"

해물탕에 얽힌 추억이 많아요. 저는 서울 사람인데, 회사 때문에 마산에서 몇 년 살았어요. 거래처 사람들이랑 밥을 먹을 때 해물탕을 참 많이 먹었어요. 특히 동네에 된장 해물탕이 유명한 집이 있었는데, 그 가게에 가면 아주 행복했어요. 평소 잘 안 먹던 해산물을 먹으니 참 맛이 좋았고, 부인도 만날 수 있었어요.

당시 부인이 은행원이었는데, 은행원들은 점심시간에 맞춰 밥 먹으러 나가잖아요. 그때 해물탕집에서 부인을 만났어요. 은행 식사 시간에 맞춰서 제가 음식 가게에 뛰어갔어요. 은행 안에서만 만나다가, 마주 앉은 건 그때가 처음이었어요. 사람이 많고 복잡한 가게니까 '같이 앉읍시다!'라고 하고 같이 앉아서 밥을 먹었죠. 그리고 '저녁이나 한번 같이 먹자'고 이야기했어요.

부인이 일했던 은행이 밤 11시 반 정도에 일이 끝나서, 퇴근하고 해물탕 가게에 가서 아귀, 문어 넣고 만든 해물탕 사줬어요. 저렴한 가격은 아니었지만, 좋아하는 사람한테 밥을 사주니 비싸단 생각도 안 났죠. 그 후에 저는 다시 서울에 올라왔는데 부인이 저에게 연락해서 다시 만나게 되었어요.

힘든 순간 힘이 되어주는 음식은?

"함께 나누어 먹는 얼큰한 매운탕"

생선 매운탕은 어려울 때 같이 먹어주는 사람이 있어서 좋았어요. 가게에 가면 회도 있고, 물회도 있고 참 다양한 메뉴가 있잖아요. 그런데도 저는 늘 매운탕을 먹었어요. 저렴하고 함께 나누어 먹을 수 있으니까요. 뚝배기에 나오는 재료가 다양하니까 제가 먹기 싫은 건 다른 사람이 먹고, 다른 사람이 먹기 싫은 건 제가 먹을 수 있죠. 또 매운탕은 밥을 볶아 먹는 게 정말 맛이 좋아요. 볶음밥 누룽지가 참 맛있죠.

음식을 먹다 보면 밍밍한 것보다 얼큰한 맛이 더 맛있다고 느껴요. 라면도 매운 라면을 더 좋아해요. 옛날 사람들은 보리밥에 고추를 된장에 찍어서 먹고 그랬으니, 보편적인 노인분들은 매운 걸 더 좋아할 것 같아요. 해물탕도 간이 짠 편이라서 더 맛이 좋다고 느껴요. 건강에 나쁠 수는 있지만, 고기보다 생선이 소화가 빠르고 부담이 적어서 자꾸 찾게 돼요.

소중한 사람에게 해주고 싶은 음식은?

"단백질이 풍부한 요리를 대접하고 싶어요."

특히 생선에 단백질과 콜라겐이 많이 들어있다고 해요. 제가 단백질이랑 콜라겐을 7개월째 챙겨 먹으니 머리카락이 건강해졌어요. 젊은 사람들도 단백질을 잘 챙겨 먹으면 좋을 것 같아요. 나이 먹을수록 콜라겐이 부족해진다고 하니 다들 건강을 위해 음식을 잘 챙겨 먹어야 해요. 단백질만 먹으면 안 되고 야채도 잘 챙겨 먹어야 하니까 매운탕같이 야채랑 생선이 골고루 들어간 음식도 좋은 것 같네요. 그리고 같은 생선이어도 익혀 먹지 않는 회는 균이 있을 수 있으니 먹는 걸 조심하세요.

앞으로의 꿈은 딱 하나, 건강해지는 것!

영양식을 챙겨 먹고, 소식해서 건강해지는 것이 앞으로의 소원이죠. 제가 내장비만이 있어서 체력이 떨어졌어요. 그래서 많이 먹지 않고, 돈이 들어도 몸에 좋고 건강한 음식을 적게 먹겠다고 생각했어요. 옛날에 우리나라 사람들은 밥심이라고 해서 고봉밥을 먹고 그랬어요. 하지만 이제는 가능하다면 몸에 좋은 음식을 소식하는 것이 좋겠다고 생각해요. 그래서 저도 노력하고 있어요.

그리고 한동안 운동을 안 하니까 연골이 닳았다고 해서 요즘 복지관에서 필라테스를 배우고 있어요. 일주일에 두 번 정도 하고 있는데, 건강해지고 활동적으로 변해서 좋아요. 마음 같아서는 춤도 배우고 싶어요. 그림 그리는 것도 해보고 싶고, 소중하게 가지고 다닐 수 있는 물건을 만들 수 있는 활동도 해보고 싶네요.

우리 청년들에게 한 마디 한다면

"부디 잘 먹고 잘 살아라!"

젊은 세대에게 골고루 먹는 것을 가장 추천하고 싶어요. 요즘 방송을 보면 '먹방'이 참 많아요. 자꾸 음식을 사 먹다 보면 좋아하는 음식만 먹게 되는데, 싫어하는 음식도 건강을 위해 먹어야 해요. 제 손녀가 13살인데 벌써 사춘기가 왔네요. 고기 같은 음식만 먹다 보니 빠르게 사춘기가 찾아왔다고 해요. 손녀가 육회는 참 좋아하는데, 김치는 한 조각도 안 먹곤 해요. 그래서 다들 골고루 챙겨 먹었으면 좋겠어요. 특히 김치는 몸에 좋으니 많이 먹으면 좋겠네요. 제가 요즘 대상포진으로 고생하고 있어요. 저도 건강을 위해서 열무김치를 직접 만들어 먹어봤어요. 계량을 정확하게 하지 않아서 배운 것보다는 맛이 없었지만 그래도 건강에 좋으니 챙겨 먹어요.

우리 청년들은 참 안타깝다고 생각해요. 특히 서울에서 홀로 사는 청년들이 걱정될 때도 있어요. 대학교, 취직을 위해 올라왔는데 예전만큼 취직이 쉽지 않으니까요. 저희 세대는 대학만 나오면 다 취업을 할 수 있었거든요. 제가 사는 곳에 공무원 시험을 준비하는 친구가 있는데 보고 있으면 걱정도 됩니다. 좋은 날이 있으면 나쁜 날이 있기 마련이지만, 다시 좋은 날이 와요. 힘들어도 참고 기다리다 보면 언젠가는 나의 날이 오게 돼요. 그리고 독단적으로 살지 않도록 조심해야 해요. 주변 사람, 모르는 사람의 의견을 물어보는 것도 좋을 거예요. 그렇지 않으면 끼리끼리가 되어 버리니까요. 그런 목적을 갖고 살면 시간이 걸려도 원하는 바를 이룰 수 있을 거예요.

오늘의 메뉴
청국장

요리사
이정철 할아버지

청국장은 소고기보다 우렁이와 느타리버섯을 넣어 먹는 걸 좋아해요.
그리고 뚝배기로 해야 맛이 더 좋죠.

청국장 만들기

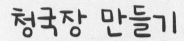

필요한 재료

- [ ] 쇠고기(불고기감) 100g
- [ ] 청국장 100g
- [ ] 애호박 1/4개
- [ ] 된장 2큰술
- [ ] 양파 1/4개

- [ ] 고춧가루 1큰술
- [ ] 대파 1/2대
- [ ] 다진마늘 1큰술
- [ ] 두부 1/2모
- [ ] 육수 200ml (종이컵 1컵)

청국장 레시피

애호박, 양파는 네모모양으로 썰고, 대파는 송송 썰고,
두부는 호박과 비슷한 크기로 썬다.

냄비에 참기름을 두르고, 대파를 먼저 볶다가 소고기를 볶는다.
고기가 반쯤 익으면 야채를 넣고 함께 볶다가 육수를 넣는다.

된장 오큰술을 먼저 풀어준 뒤 10분 정도 끓이고
야채가 익으면 청국장을 넣어준다.

마지막에 두부, 고춧가루, 다진마늘을 넣고 한소끔 끓여서 완성한다.

Ep.5
이정철 할아버지

가장 좋아하는 음식은? "청국장과 생선구이"

건강을 위해 청국장은 소고기가 아닌 우렁이와 느타리버섯을 넣어 먹는 걸 좋아해요. 그리고 뚝배기로 해야 맛이 더 좋죠. 두부도 촘촘히 작게 해서 넣고 고춧가루도 위에 안 좋으니까 대신 풋고추, 빨간 고추 반 개씩 잘라 넣어 먹는 게 좋아요. 그리고 뭐든지 제철에 나는 걸 먹어야 해요. 그래서 청국장에 하우스에서 재배한 애호박이 아니라, 동글동글한 자연산 호박을 촘촘히 잘라서 넣어 먹는 게 좋아요. 호박도 철이 6~7월이니까 지금 철에 딱 맞죠.

그리고 청국장은 그냥 먹으면 맛이 없고, 고등어가 있어야 해요. 반 토막을 기름에 튀기거나 구워서 같이 먹으면 너무 맛있어요!

어르신만의 식습관이 있다면?

"철 따라 나는 음식을 먹어요."

제가 당뇨가 있는데 청국장이 당뇨 예방에 좋다고 해서 자주 찾게 됐어요. 당뇨는 합병증도 있기 때문에 항상 음식 먹을 때도 당뇨를 신경 써서 먹어요. 그래서 자연에서 나는 철 음식을 선호하죠.

예를 들어, 가을 전어는 살이 찌고 힘이 좋거든요. 구워서 그냥 머리도, 뼈도 없이 처음부터 다 씹어 먹을 수 있죠. 몸 건강을 위해서요. 그러니까 생선도 그렇고 뭐든 제철 음식이 좋아요. 참외, 수박도 과일이 아니고 채소라고 할 수 있는데 그런 과채류도 제철에 나오는 것들을 먹어야 해요. 그래야 몸 건강에 좋죠. 마찬가지로 겨울에 나는 무와 당근, 연근 같은 뿌리채소들이 담배 피우는 사람에게 참 좋아요. 몸속의 매연 같은 것들을 뽑아내 주기 때문에 겨울 채소는 정말 최고예요.

시절마다 좋아하는 음식이 달랐나요?

"계절마다 다른 음식을 먹으면 힘이 나요."

봄에는 쑥 된장국이 최고예요. 노폐물을 쫙 뽑아내거든요. 쑥이 겨울 한 철에 눈보라 속에서도 꿋꿋이 살다가 봄에 나요. 그래서 봄엔 쑥, 쑥국이 좋아요. 그리고 도다리도 좋죠.
여름엔 장어예요. 민물 말고 바다. '아나고'라고도 부르는 붕장어가 맛있어요. 그 장어에다 소금을 철철 뿌려서 먹으면 특히 남자에겐 스테미나예요. 기운을 북돋아 주죠. 여름에도 힘이 불쑥 나요. 젊은 사람들도 푸성귀만 먹지 말고 고기를 먹어줘야 좋아요.

그리고 가을엔 추어탕! 미꾸라지는 땅에서 영양분을 흡수하는데, 가을에 추수할 때 도랑을 파면 미꾸라지가 바글바글해요. 지금은 농약 때문에 미꾸라지가 많이 없지만 원래 많았어요. 미꾸라지를 서른 마리만 잡으면 죽 열 그릇도 충분하죠. 어쨌든 가을엔 미꾸라지를 체에 쳐서 갈아서 추어탕을 해 먹는 게 좋아요.
마지막으로 겨울엔 대구탕! 뭐, 최고죠. 옛날에 마산 가면 특히 욕쟁이 할머니라고 대구탕을 끝내주게 끓여 주시는 할머니가 계셨어요. 그 할머니가 대구탕 끓이는 데 최고였어요. 지금은 돌아가셨지만. 어쨌든 대구는 매운탕 말고 맑은탕으로 끓여 먹어야 해요. 각종 채소와 겨울철 입맛 돋구는 미나리까지 넣어서요.

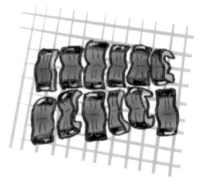

가장 행복한 추억이 담긴 음식은?

"안면도 장어구이"

예전에 안면도에 놀러 가서 먹은 장어구이가 정말 맛있었어요.
혼자서 거의 15마리를 먹었죠. 한 20년 정도 된 얘기예요.
그러니까 50살 때죠. 혼자 버스에 자전거 싣고 태안군까지
내려가서 해수욕장 구경하고 안면도까지 자전거를 타고 갔죠.
안면도에 꽃지 해수욕장이라고 유명한 해수욕장이 있어요. 그
근처 식당에서 밖으로 나와 있는 마루에 앉아 숯불구이 장어를
먹었어요. 옆 테이블 앉아있던 사람들도 전부 놀랄 정도로 많이,
맛있게 먹었죠. 주인이 5만 5천 원 가격인데 제게는 5만원만
받을 정도로 잘 먹었어요. 그곳 해수욕장도 정말 좋았어요.
해가 넘어오면 저녁노을이 그 해수욕장 앞 바위에 비치는데,
분위기가 낭만적이어서 연인들끼리 가도 참 좋아요.

소중한 사람과 나누고 싶은 음식은?

"소중한 사람과 꼭 함께 장어구이를 맛보고 싶어요."

안면도도 장어구이로 유명하고, 서울에는 중앙시장이나
약수역에도 잘하는 집이 있어요. 하지만, 여름 장어는 사실
통영이 최고죠! 사람들도 되게 많이 찾아가요. 연탄불, 숯불에
지글지글 구워 주기 때문에 그 맛을 잊지 못하죠. 한 마리 먹을
걸 세 마리 먹게 돼요. 둘, 셋이서 가면 정말 좋겠네요.

밥맛이 없을 때는? "멍게와 순대국밥"

입맛이 안 돌아올 땐 멍게를 잡아먹어요. 특히 봄에 제일 밥맛이 없는데 그때 멍게를 사 먹으면 입맛이 돌아와요. 며느리가 가을 전어 냄새 맡으면 돌아오는 식이죠. 일곱 마리를 만 원이면 살 수 있어요. 밥 먹을 때 야채를 곁들여 덮밥 해 먹으면 정말 입맛이 돌아와요. 밖에선 멍게 덮밥이 7~8천 원인데, 멍게를 만 원어치 사서 집에서 해 먹으면 양이 훨씬 많고 맛있어요.

또 입맛 없을 때 순대국밥을 먹어요. 근데 순대국밥은 잘하는 데 가서 먹어야 해요. 일반적인 음식점 말고, 잘하는 곳! 성신여대 다음에 길음역에 내려서 길음시장 가면 순댓집이 시장 안에 7개 정도 있어요. 거기서 먹으면 다른 덴 못 먹을 정도로 양도 많고 값도 싸요. 순대 생각나면 꼭 가는 곳인데, 6천 원밖에 안 해요. 입맛 돌아오는 데 정말 좋죠.

청년들에게 추천하고 싶은 음식은?

"역시 청국장과 생선구이죠."

신당동에 가면 청국장을 잘 해주는 곳이 있는데, '청국장집'이라고 그냥 간판에 써 놨어요. 신당사거리 파출소 뒤에 있는 곳인데, 몸에 좋고 건강하니까 그 집 청국장을 먹어보면 좋겠네요. 젊을 때도 건강을 지켜야 하잖아요. 젊은 사람 중에도 요새는 당뇨가 있는 사람들이 있을 정도니까요. 신진시장에 가면 또 생선구이 전문점이 6, 7개씩 있어요. 옛날보다 비싸긴 하지만 살이 두툼한 참치구이도 맛볼 수 있죠. 동대문에 가면 생선구이가 5천 원씩 하는 곳도 있어요. 종각에도 엄청 많았는데 지금은 재개발로 다 사라졌죠. 또 대학로 안에 가면 동사무소 옆에 만 원에 참치 한 마리 파는 식당이 있는데, 다 먹지도 못할 정도로 커요. 거기다 청하 한잔하면 딱 맞아요. 만 오천 원에 다 먹을 수 있어요.

앞으로의 꿈이나 소원이 있다면?

"건강하게 즐겁게 살다 생을 마감하는 게 소원이에요"

여행을 자주 다니고, 항상 긍정적으로 사는 거죠. 나쁘게 생각하지 않고, 즐겁게 살다 인생을 마감하면 좋을 것 같아요. 사는 데까지 안 아프다가 그냥 방에 누워서 편안히 생을 마감하는 게 소원이에요. 제가 여행을 좋아하는데, 주로 기차를 타고 가요. 동해안으로 안동으로 소백산으로 엄청나게 다녀요. 그 지역에서 나는 맛있는 음식도 당연히 많이 먹죠. 이를테면, 소백산 가서 풍기역 6년근 인삼 한 뿌리를 사다가 기차 여행 도중 그냥 생으로 씹어 먹기도 하면서요. 국내뿐 아니라 일본에도 여러 번 갔죠. 복어 같은 생선 요리가 싸고 맛있거든요. 어쨌든 그렇게 발길 닿는 대로 여행해요. 이렇게 좋아하는 여행도 계속하면서 즐겁게 살고 싶어요.

그러기 위해서, 저는 매일 하루 2시간씩 자전거 타기나 걷기 같은 유산소 운동을 해요. 그리고 철에 따른 과채류를 먹고, 아침엔 사과 반 개와 빵, 우유를 먹어요. 그렇게 먹은 지가 30년이에요. 저녁은 가볍게 먹어요. 반 공기 정도로만. 생선이나 야채를 골고루 먹으면 눈이 더 나빠지지도 않고, 당뇨를 관리하는 데도 좋더라고요. 여러분도 좋아하는 것만 먹지 말고 여러 가지를 많이 먹어야 해요. 그리고 짜게 먹으면 절대 안 돼요. 젊은 사람들도 위가 아프면 안 되니 건강하고 싱겁게 먹으면 좋겠어요.

우리 청년들에게 한 마디 할게요!

"젊음의 힘을 찾아라!"

요즘 아르바이트도 많고, 일하는 것도 자주 바뀌는데 젊을 땐 뭐든지 일거리가 있으면 경험하는 게 좋다고 생각해요. 그리고 돈을 모으면 필요 없는 데 투자하지 않으면 좋겠고요. 특히 도박 같은 데 빠지지 않고요. 그렇게 돈을 모아서 나 자신을 성장시킬 수 있는 여행 등을 하면 좋겠어요. 도전이나 여행도 돈이 필요하기보다 용기가 문제예요. 제가 유럽은 이태리, 프랑스, 독일, 스위스, 네덜란드, 덴마크, 노르웨이, 핀란드, 스웨덴, 오스트리아 등을 가봤어요. 그것도 전부 젊을 때 갔죠. 그때 역마살이 좀 있었던 것 같아요. 그리고 미국 가서 또 1년 있었는데, 소를 8천 마리씩 키우는 농장으로 가서 일하고 그랬어요. 거기서 번 돈으로 여행도 하고 그랬죠.

젊은 사람들도 용기를 가지고 나 자신을 개척하기 위해 조그마한 돈에 신경 쓰지 말고 뭐든지 부딪치며 살면 좋겠어요. 악착같이 돈 모아서 뭔가 새로운, 발전할 수 있는 걸 만들어내야 한다고 봐요. 그냥 가만히 있기보단 자꾸 발전할 수 있는 것을 찾고, 젊음의 힘을 찾을 수 있으면 좋겠어요. 자신 있게, 용감하게!

오늘의 메뉴
삼계탕

요리사
원채진 할아버지

어렸을 때 어머니가 닭을 잡아서 삼계탕을 해 주시는데,
닭 잡는 게 무서워서 옆집 아저씨가 대신 잡아다 주신 적이 있죠.
시골에서는 닭을 직접 잡아서 삼계탕을 했거든요.

삼계탕 만들기

- ☐ 닭 1마리
  ....
- ☐ 소금 약간
  ....
- ☐ 삼계탕용 약재 1봉지
  ....
- ☐ 후추 약간
  ....
- ☐ 대파 1/2대
  ....

삼계탕 레시피

닭의 꼬리 부분을 잘라주고, 안쪽 지방덩어리를 제거한다.

물에 약재를 넣고 팔팔 끓여준 뒤, 소금을 넣고 닭을 넣는다.

대파는 송송 썰어서 준비한다.
닭은 1시간 정도 충분히 끓이고, 닭이 익으면 약재를 건져낸다.

썰어둔 대파를 넣고 후추를 뿌려서 완성한다.

Ep.6
원채진 할아버지

가장 좋아하는 음식은? "할아버지들에게는 보양식이 최고죠!"

제일 좋아하는 음식은 삼계탕이에요. 어렸을 때 어머니가 닭을 잡아서 삼계탕을 해 주시는데, 닭 잡는 게 되게 무서웠어요. 그래서 옆집 아저씨가 대신 잡아다 주신 적이 있죠. 시골에서는 닭을 직접 잡아서 삼계탕을 했거든요. 맛있게 먹은 기억이 나요. 그때가 9살인가, 10살인가 그랬던 것 같아요. 삼계탕 하면 그 추억이 떠올라요. 삼계탕을 요리할 땐 고기가 좀 익었다 싶으면 건져낸 뒤 미리 불려둔 찹쌀을 국에다 넣어서 죽을 만들어 먹으면 맛있어요. 특히, 계란과 참기름을 부려 먹으면 정말 맛이 좋고 색도 노란 게 예쁘게 나와요. 이렇게 계란을 넣어서 죽을 먹는 건 어머니가 해주신 그대로의 레시피예요.

가장 행복한 기억으로 남는 음식은?

"어머니와의 추억이 담긴 고등어 조림"

옛날에 시골에서 살 때 어머니가 굉장히 자주 해 주셨던 기억이 나요. 식구들이 좋아했거든요. 고등어 조림이 맛있어서 직접 해보려고 요리책을 사서 보니까 어머니가 해 주신 방식과 비슷하더라고요.

레시피를 잠시 공유해볼게요. 고등어 조림을 하려면 우선, 고등어를 토막내야겠죠. 그런 뒤 양파, 파, 마늘을 참기름, 고춧가루랑 같이 넣어서 볶아요. 그리고 무를 밑에 깔고 고등어 네다섯 토막을 넣어요. 그 후 고추장 조금, 고춧가루, 간장, 파, 마늘로 만든 양념을 넣고 저어서 고등어 위로 덮어주듯 끓이면 먹음직스러운 색깔이 나요. 설탕은 안 들어가는데, 양파에서 단맛이 나기 때문이에요. 그렇게 양념을 졸이면서 끓이면 완성이에요.

사실, 이 고등어 조림에선 무가 아주 맛있는 거예요. 고등어보다도 무 맛이죠. 그래서 무를 크게 썰어야 해요. 그리고 오래 끓이다 보면 무가 망가질 수 있고, 불이 세면 탈 수도 있으니 항상 주의해야 하고요. 그리고 또 주의할 건, 냄새예요. 고등어는 냄새가 좀 나니 마늘로 확실히 냄새를 잡아줘야 해요. 참고로 양념 속 간장과 생강도 냄새를 잡는 데 도움이 된답니다.

나의 소울 푸드는?

"기력을 보충하는 전복죽이죠!"

전복죽은 보양식이잖아요. 전복죽은 옛날에 근무했던 중국집 사모님이 잘 만드셨어요. 그래서 가끔 여름에 기력 보충하라고 보양식으로 해 주시곤 하셨어요. 전복 사서 마늘, 파, 고춧가루 약간, 물을 같이 좀 넣고 끓인 뒤 미리 불린 찹쌀을 넣어주면 전복죽이 완성돼요. 전복이 맛이 참 좋은데 비싸서 해 먹기는 좀 힘들고, 사모님이 해 주신 것만 먹어본 적이 있어요. 어쨌든 먹고 나면 땀도 좀 많이 흘리고 기운도 많이 났죠.

자주 먹는 소울 푸드는 콩나물 해장국이에요. 가끔 밖에서 사 먹을 때 콩나물 해장국 맛이 굉장히 특이하고 맛있는 식당들이 있어요. 집에 가서 해 먹어봐야겠다고 했지요. 고춧가루를 넣어서 콩나물을 빨갛게 볶고, 참기름으로 마늘을 같이 볶은 다음, 물 붓고 선지, 조개, 우거지를 넣어서 완성하는 레시피예요. 음식 간은 소금을 좀 넣거나, 다시다를 좀 넣으면 돼요. 그렇게 간을 맞춰 해장국을 먹으면 정말 맛있어요. 먹고 나면 든든해지는 그 맛이 참 좋아요.

힘들 때 힘이 되어주는 음식은?

"원기회복에 좋은 대구탕이요."

비 오는 날, 몸이 좀 안 좋을 때 대구탕을 먹으면 땀도 좀 흐르고 기분이 좋았어요. 대구탕은 간과 신장에도 좋은 음식이기도 해요. 대구탕에서는 무가 국물 맛을 내는 데 되게 중요해요. 아! 그리고 콩나물이랑 미나리도 넣으면 좋아요. 양념장은 고춧가루로 색깔을 내고, 고추장을 약간 넣으면 담백해져요. 이때 마늘은 필수죠.

소중한 사람에게 해주고 싶은 음식은?

"내 손맛이 담긴 닭볶음탕을 대접해보고 싶어요."

닭볶음탕은 스스로 자주 해 먹기도 해요. 먼저 토막 낸 닭을 사다가 집에 와서 끓여서 씻어요. 기름기를 싹 빼는 거예요. 그 위에다 물을 좀 부은 뒤 4등분 정도로 큼직하게 썬 감자, 파, 양파, 반으로 쪼갠 마늘을 넣어요. 이때 향긋한 냄새가 나는 피망은 꼭 같이 넣어요. 끓인 다음에 어느 정도 시간이 흐르면 파, 양파, 마늘 냄새가 향긋하게 나는, 직접 뽑은 고추기름을 넣어요. 그러면 풍미가 훨씬 좋아져요. 그냥 고춧가루는 색도 잘 안 나기도 하고요. 양념은 간장, 고추기름, 다시다, 마늘로 내면 돼요. 양파에서 단맛이 나니 설탕은 따로 넣지 않아도 되고요. 파는 크게 썰어서 약간 끓인 다음에 넣어줘요. 제가 다니는 교회에서 이 닭볶음탕이 맛있다고 소문났어요.

앞으로의 꿈이나 소원이 있다면?

"제 힘으로 건강하게 사는 게 소원이에요."

나 혼잔데 아프면 돌봐줄 사람이 없으니 건강하게, 아프지 않게, 운동도 웬만하면 안 빠지고 사는 게 소원이죠. 운동을 안 하면 몸이 아프고, 하면 안 아프고 그래요. 운동은 맨몸운동을 주로 하는데 하루 정해둔 만큼 하면 2시간 정도 걸려요. 힘이 들 때도 있지만 빠짐없이 하죠.

남에게 추하게 보이기 싫어 운동하는 것도 있어요. 앞으로 힘들거나 추하게 보이지 않게요. 내가 사는 동안은 의지하지 않고 제 힘으로 살아가야겠다는 마음이에요. 아무튼 지금까지는 운동하니까 힘도 생기고, 다리 힘도 생기고, 생활에도 활기가 나요.

먹고 사는 일, 이 습관만은 지켜다오!

"위장 건강을 위해 매운 음식보다는 부드러운 음식을 먹어요."

요즘은 떡볶이나 튀김류, 기름진 걸 좋아하잖아요. 몸에 좀 안 좋죠. 소화도 잘 안되고, 딱딱하고, 질기고요. 장이 잘 안 움직이는 음식들이에요. 아침도 안 먹고 떡볶이처럼 매운 음식이나 튀김을 먹으면 위에 안 좋아요. 짜고 매운 게 혈압, 당, 뇌출혈하고 관련있어 건강에 좋지 않죠. 지금은 모를 수 있지만 4, 50대만 되도 굉장히 고생하게 돼요. 저도 한때는 혈압이 굉장히 올라갔었어요. 그러다 싱겁게 먹고 나서 전부 정상 수치가 됐답니다. 요즘엔 매운, 빨간 음식이나 반찬을 안 먹어요. 콩나물 반찬도 고춧가루를 약간만 넣어서 먹고요. 호박, 가지 등도 다 빨갛지 않은 반찬이죠. 그래서 장이 많이 좋아졌어요. 젊은 세대에게도 이렇게 권하고 싶네요. 라면을 밥처럼 먹지 말고, 아침에는 밥을 먹고, 전날 고생한 위나 장을 위해 매운 음식보다는 부드러운 음식 위주로 드시라고요.

우리 청년들에게 한 마디 할게요!

"요즘 젊은 세대가 너무 힘들고 어려운 것 같아요."

우리 청년 세대들이 앞으로 잘 될 거라 생각은 하지만, 참 힘든 시대인 것 같아요. 그래도 너무 실망하지 말고, 자기 일을 하면서 젊은 세대들이 앞으로 나아가야 한다고 생각해요. 그게 대한민국이 살아나갈 비결이니까요. 젊은 분 중 힘든 사람이 많은데 나라에서도 좀 지원했으면 하고요. 실제로 정부에서 학교도 좀 세우고, 기술도 가르친다는데 젊은이들도 이런 기술 배워서 큰 회사에 들어가서 자기 실력을 발휘하고, 성공할 수 있으면 좋겠어요. 조금 지나면 좋아질 거라 생각하고, 그렇게 바라고 있어요. 용기를 잃지 않았으면 해요.

그리고 부모님과의 식사시간을 꼭 가졌으면 좋겠어요. 함께 밥을 같이 먹으면 대화 기회도 자연스럽게 많아지고, 친밀감도 생겨요. 서로 친해지는 거죠. 이때 부모님들은 자녀에게 요리하는 방법을 자주 보여주고 가르쳐주면 좋겠어요. 어쨌든 요리도 좀 배우고, 아침밥도 잘 먹으면서 건강하고 씩씩하게 사는 게 제가 여러분 또래에게 바라는 거예요.

오늘의 메뉴
시래기 된장국

요리사
이명범 할아버지

시래기 된장국은 어려서부터 입맛에 맞는 음식이고,
어머니가 해 주시던 향수가 남아있어요.
나이 많은 사람들이 거의 다 그런 향수가 있죠.